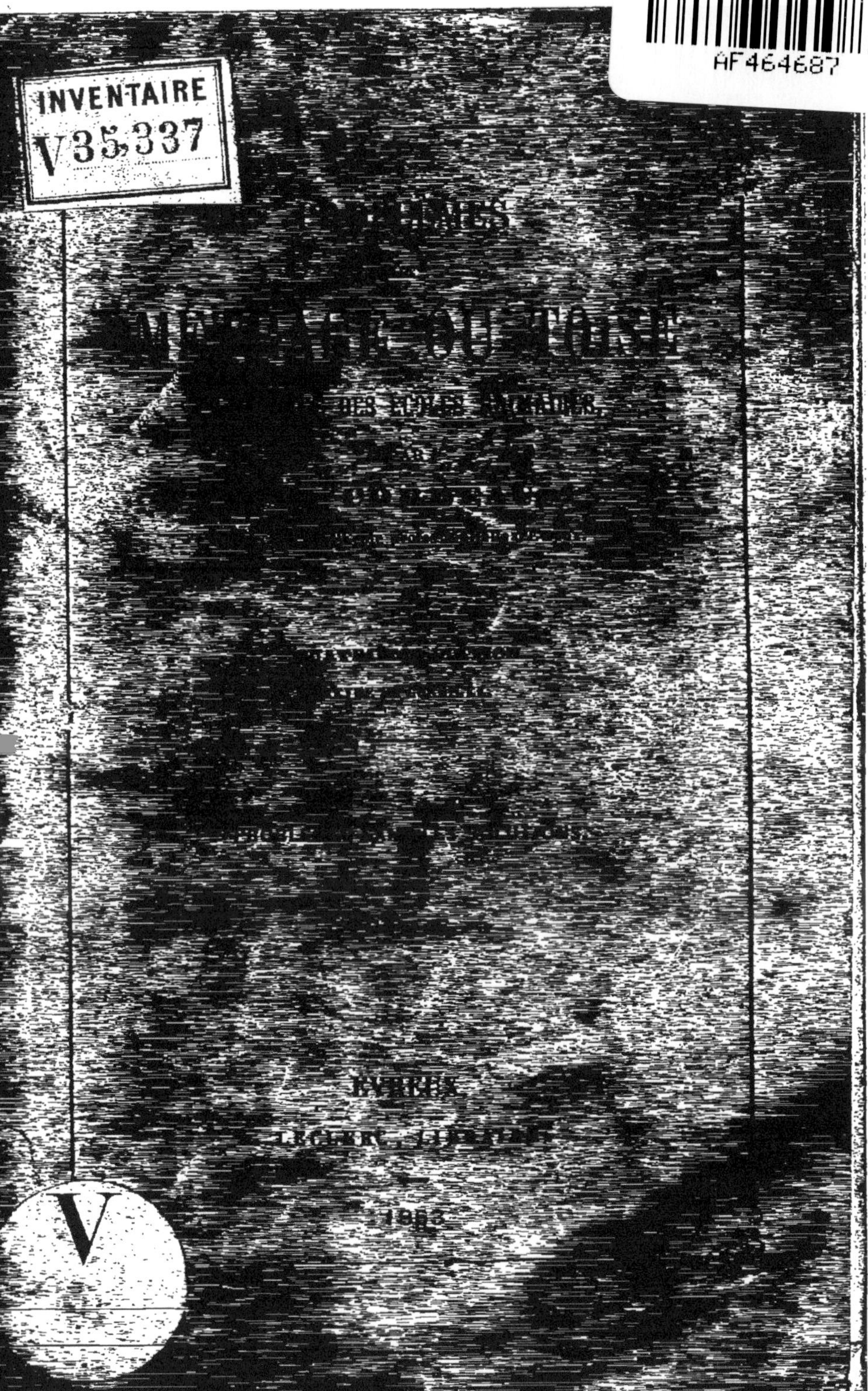

PROBLÈMES

MESURAGE OU TOISÉ

DES ÉCOLES PRIMAIRES,

EVREUX

LECLERC, LIBRAIRE

1863

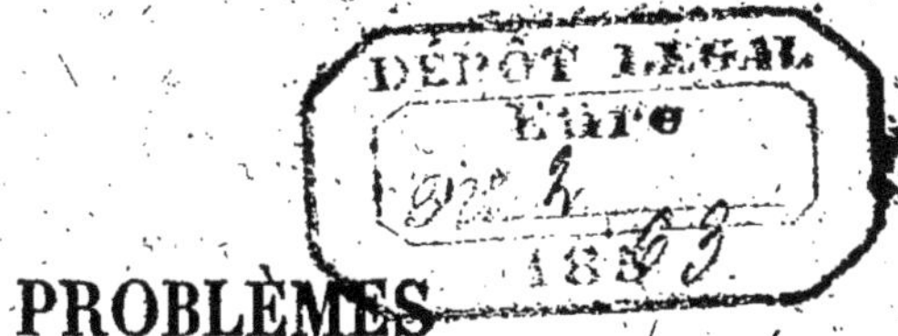

PROBLÈMES

DE

MÉTRAGE OU TOISÉ

A L'USAGE DES ÉCOLES PRIMAIRES,

PAR

Ch. CORBEAU,

Directeur de l'École professionnelle d'Evreux.

QUATRIÈME ÉDITION

REVUE ET CORRIGÉE.

PROBLÈMES SANS LES SOLUTIONS.

ÉVREUX,

LECLERC, LIBRAIRE.

1863

PREMIÈRE PARTIE.

PRINCIPES ET FORMULES

DE GÉOMETRIE NÉCESSAIRES A LA SOLUTION DES PROBLÈMES DE MÉTRAGE OU TOISÉ.

PRINCIPES.

1. — La somme des trois angles d'un triangle est égale à deux angles droits.

2. — Tout polygone peut se décomposer en autant de triangles qu'il y a de côtés moins deux.

3. — La somme des angles intérieurs d'un polygone est égale à autant de fois deux angles droits qu'il y a de côtés moins deux.

4. — Le carré fait sur l'hypoténuse d'un triangle rectangle est égal à la somme des carrés faits sur les deux côtés qui forment l'angle droit.

5. — Tout triangle est la moitié d'un parallélogramme de même base et de même hauteur.

Pour la définition des figures, consulter notre dessin linéaire.

6. — On peut considérer le cercle comme un polygone régulier d'un nombre infini de côtés.

7. — Le côté de l'hexagone régulier est égal au rayon du cercle circonscrit.

8. — Les polygones semblables sont entre eux comme les carrés de leurs côtés homologues.

9. — Les cercles sont entre eux comme les carrés de leurs rayons ou de leurs diamètres.

10. — De deux surfaces planes équivalentes et ayant un même nombre de côtés, celle qui est régulière a le plus petit contour.

11. — De deux surfaces planes qui ont un égal contour et un même nombre de côtés, c'est la régulière qui est la plus grande.

12. — La pyramide est égale au tiers du prisme de même base et de même hauteur.

13. — Le cône et le cylindre peuvent être considérés, le premier comme une pyramide, le second comme un prisme dont la base est un polygone d'une infinité de côtés.

14. — La sphère peut être considérée comme un polyèdre régulier terminé par un nombre infini de faces planes, dont chacune peut être regardée comme la base d'une pyramide qui a son sommet au centre et dont la hauteur est égale au rayon de la sphère.

15. — Les sphères sont entre elles comme les cubes de leurs rayons et de leurs diamètres.

FORMULES.

MESURAGE DES LIGNES.

Lignes droites.

Pour trouver la longueur de la *diagonale d'un carré*, connaissant le côté, il faut multiplier ce côté par 1,414 ; ou bien multiplier le côté par lui-même, doubler le produit obtenu et extraire la racine carrée du résultat.

Soit D la diagonale et C le côté, on aura :

$$D = C \times 1,414$$

ou bien :

$$D = \sqrt{2 C^2}$$

On obtient le *côté d'un carré*, connaissant la diagonale, en multipliant cette diagonale par 0,707 ; ou bien en multipliant la diagonale par elle-même, prenant ensuite la moitié du produit et extrayant la racine carrée de cette moitié.

$$C = D \times 0,707$$

ou bien :

$$C = \sqrt{\frac{D^2}{2}}$$

Pour trouver l'*hypoténuse d'un triangle rectangle*, connaissant les deux côtés de l'angle droit, il faut multiplier chaque côté par lui-même, ajouter ensemble ces deux produits et extraire la racine carrée de la somme obtenue ; cette racine est l'hypoténuse.

Soient C et c les côtés et H l'hypoténuse, on aura :

$$H = \sqrt{C^2 + c^2}$$

Si on voulait avoir l'*un des côtés de l'angle droit* d'un triangle rectangle, connaissant l'hypoténuse et l'autre côté, il faudrait multiplier l'hypoténuse par elle-même, le côté aussi par lui-même, retrancher le dernier produit du premier et extraire la racine carrée du reste ; cette racine serait le côté cherché.

$$c = \sqrt{H^2 - C^2}$$

Lignes courbes.

Pour trouver la *circonférence* d'un cercle, connaissant le rayon, il faut doubler ce rayon et multiplier le produit par le nombre 3,14159 (1).

Soit R le rayon, C la circonférence, D le diamètre et π le rapport de la circonférence au diamètre $= 3,14159$, on obtient :

$C = 2 \pi R$, ou connaissant le diamètre πD.

Connaissant la circonférence d'un cercle, on peut en obtenir le *rayon* en divisant cette circonférence par le double du nombre 3,14...

$R = \frac{C}{2 \pi}$; pour trouver le diamètre on a : $D = \frac{C}{\pi}$

Pour trouver en mètres la ***longueur d'un arc***, connaissant le rayon de la circonférence à laquelle il appartient et le nombre des degrés qu'il renferme, il faut multiplier le double du rayon par 3,14... et par le nombre de degrés de l'arc, puis diviser ce produit par 360, nombre de degrés de la circonférence.

Soit R le rayon, a l'arc en mètres, A l'arc exprimé en degrés, on a :

$$a = \frac{2 \pi R . A}{360}$$

On trouve le nombre de ***degrés contenus dans***

---

(1) Ce nombre représente la longueur d'une circonférence dont le diamètre est l'unité. Dans les calculs ordinaires, les deux ou trois premiers chiffres décimaux (3,14) suffisent.

un arc donné en mètres, dont le rayon est connu, en multipliant le nombre des mètres de l'arc par 360, et divisant le produit par le double du rayon multiplié par 3,14...

$$A = \frac{a \times 360}{2\ \pi .\ R}$$

Pour avoir le *rayon* d'une circonférence, connaissant la longueur d'un arc et le nombre des degrés qu'il contient, il faut multiplier la longueur de cet arc par 360, diviser le produit obtenu par le nombre des degrés de l'arc et diviser ensuite le quotient par le double de 3,14...

$$R = \frac{a. \times 360}{2\ \pi .\ A}$$

MESURAGE DES SURFACES PLANES.

POLYGONES.

Triangles.

La ***surface d'un triangle*** s'obtient en multipliant la base par la hauteur et prenant ensuite la moitié du produit :

T surface du triangle, B base, H ha[illegible] : $T = \frac{B \times H}{2}$

Connaissant la surface d'un triangle et sa hauteur, pour avoir la *base* il faut doubler cette surface et diviser le produit par la hauteur :

$$B = \frac{2\,T}{H}$$

On obtient la ***hauteur*** d'un triangle, connaissant sa surface et sa base, en doublant la surface et divisant le produit par la base :

$$H = \frac{2\,T}{B}$$

Pour obtenir la surface d'un ***triangle, connaissant les trois côtés***, il faut ajouter ces trois côtés, prendre la moitié de la somme obtenue, de cette demi-somme retrancher séparément chacun des trois côtés, multiplier les trois restes l'un par l'autre, puis le produit par la demi-somme des trois côtés, enfin extraire la racine carrée du résultat ; la racine obtenue exprime la surface du triangle.

Soit T la surface du triangle, A, B, C les côtés, S la demi-somme de ces trois côtés, on a :

$$T = \sqrt{(S-A)\,(S-B)\,(S-C)\,S}$$

Pour obtenir le *côté* d'un triangle équilatéral, connaissant la surface, il faut diviser cette surface par 1,73, extraire la racine carrée du quotient obtenu et doubler ensuite cette racine.

Soit T la surface du triangle et c le côté, on aura :

$$c = 2\sqrt{\frac{T}{1{,}73}}$$

Quadrilatères.

La ***surface d'un parallélogramme*** s'obtient en multipliant la base par la hauteur ; si la figure était un carré, on multiplierait le côté par lui-même.

Soit P le parallélogramme, B la base, H la hauteur ; Q le carré, C le côté du carré, on aura :

$$P = B \times H \; ; \; Q = C \times C = C^2$$

Connaissant la surface et la hauteur d'un parallélogramme, on en obtient la *base* en divisant la surface par la hauteur ; si c'est un carré, on en obtient le côté en extrayant la racine carrée de sa surface :

$$B = \frac{P}{H} ; \; C = \sqrt{Q}$$

Pour trouver la *hauteur* d'un parallélogramme dont on connaît la surface et la base, on divise cette surface par la base :

$$H = \frac{P}{B}$$

On obtient la *surface d'un trapèze* en multipliant la somme des bases parallèles par la hauteur et en prenant la moitié du produit

Soit B la grande base, b la petite base, H la hauteur et T la surface du trapèze, on aura :

$$T = \frac{(B + b).\ H}{2}$$

Connaissant la surface, la hauteur et l'une des bases d'un trapèze, on trouverait l'autre *base* en divisant le double de la surface par la hauteur et en retranchant du quotient la base connue:

$$B = \frac{2\ T}{H} - b, \quad b = \frac{2\ T}{H} - B.$$

Pour trouver la *hauteur* d'un trapèze dont on connaît la surface et les bases, il faut doubler la surface et diviser le produit par la somme des bases.

$$H = \frac{2\ T}{B + b}$$

Polygones quelconques.

Pour avoir la *surface d'un polygone quelconque*, il faut le décomposer en figures élémentaires (triangles, trapèzes, etc.), calculer chacune d'elles séparément et les ajouter ensuite; leur somme est la surface du polygone.

Soit P la surface du polygone, A, B, C.... celle des figures élémentaires qui le composent, on obtient :

$$P = A + B + C + \ldots..$$

Polygones réguliers.

La ***surface d'un polygone régulier*** s'obtient en multipliant son contour ou périmètre par le rayon du cercle inscrit, que l'on nomme aussi apothème, et en prenant ensuite la moitié du produit.

Soit P le polygone régulier, A l'apothème, p le périmètre, on aura :

$$P = \frac{p. A}{2}$$

Connaissant la surface et le périmètre d'un polygone régulier, on trouve l'***apothème*** en doublant la surface du polygone et divisant le produit par le périmètre.

$$A = \frac{2 P}{p.}$$

Pour trouver le ***périmètre*** d'un polygone régulier dont on connaît la surface et l'apothème, on double la surface du polygone et on divise le produit par l'apothème.

$$p. = \frac{2 P}{A}$$

Cercle.

La ***surface d'un cercle*** est égale au produit de sa circonférence par la moitié de son rayon ; ou bien, au produit du nombre 3,14... par le carré du rayon (ce deuxième moyen est employé de préférence).

Soit C la surface du cercle, c la circonférence et R le rayon, on aura :

$$C = \frac{c \times R}{2} \text{; ou bien } C = \pi R^2$$

Connaissant la surface d'un cercle, on en obtient le *rayon* en divisant cette surface par le nombre 3,14... et extrayant la racine carrée du quotient :

$$R = \sqrt{\frac{C}{\pi}}$$

Pour avoir la *surface d'un secteur*, il faut multiplier la longueur de l'arc par le rayon et prendre la moitié du produit.

Soit S la surface du secteur, A l'arc et R le rayon :

$$S = \frac{A \times R}{2}$$

Connaissant la surface d'un secteur et son arc, on trouve le *rayon* par la formule :

$$R = \frac{2\,S}{A}$$

Connaissant S, R, on trouve :

$$A = \frac{2\,S}{R}$$

La *surface d'un segment* est égale à la surface du secteur, moins la surface du triangle isocèle, qui a pour base la corde du segment et pour côtés deux rayons du cercle.

Ellipse.

La ***surface de l'ellipse*** s'o[illegible] en multipliant le grand axe par le petit[illegible] produit par 3,14... et en divisant le rés[illegible]

Soit A le grand axe, a le petit axe et [illegible] la surface de l'ellipse, on obtient :

$$E = \frac{A \times a \times \pi}{4}$$

Connaissant la surface et l'un des axes de l'ellipse, on trouve l'autre en multipliant cette surface par 4 et divisant le résultat par le produit de l'axe connu et du nombre 3,14...

$$A = \frac{4\ E}{\pi \times a}$$

MESURAGE DE LA SURFACE DES CORPS.

Pyramide.

La *surface totale d'une pyramide* quelconque s'obtient en ajoutant la surface latérale à la surface de la base.

La *surface latérale d'une pyramide* quelconque est égale à la somme des surfaces de chacun des triangles qui la composent.

La *surface latérale d'une pyramide régulière* est égale à la moitié du produit du périmètre de sa base par la hauteur de l'un des triangles qui forment ses faces.

Soit Py la surface de la pyramide, p le périmètre de la base et H la hauteur de chaque triangle, on aura :

$$Py = \frac{p \times H}{2}$$

Connaissant Py et p, on trouve :

$$H = \frac{2 \times Py}{p}$$

Connaissant Py et H, on trouve :

$$p = \frac{2 \times Py}{H}$$

La *surface latérale d'une pyramide régulière tronquée* est égale à la somme des périmètres de ses deux bases multipliée par la moitié de la distance comprise entre deux des côtés parallèles.

Soit T le tronc de pyramide, B le périmètre de la base inférieure, b le périmètre de la base supérieure et H la hauteur des faces, on a :

$$T = \frac{(B + b)\,H}{2}$$

Connaissant **T** et **H**, on trouve :

$$B = \frac{2\,T}{H} - b, \text{ et } b = \frac{2\,T}{H} - B$$

Connaissant T, B, b, on trouve :

$$H = \frac{2\,T}{B + b}$$

Prisme.

La ***surface totale d'un prisme quelconque*** s'obtient en ajoutant à sa surface latérale la surface de ses deux bases.

La ***surface latérale d'un prisme droit*** s'obtient en multipliant le périmètre de sa base par sa hauteur, et, *s'il est oblique*, le périmètre de la section droite par la longueur d'une arête.

Soit P la surface du prisme, p le périmètre de la base si le prisme est droit, ou de la section droite s'il est oblique, et H la hauteur du prisme, on aura :

$$P = p \times H$$

Connaissant P et p, on trouve :

$$H = \frac{P}{p}$$

Connaissant P, H, on trouve :

$$p = \frac{P}{H}$$

La *surface d'un prisme tronqué ou celle d'un prisme irrégulier* s'obtiendrait en ajoutant ensemble chacune des faces calculée séparément.

Cône.

La *surface totale du cône* est égale à sa surface latérale, augmentée de la surface de sa base.

Pour trouver la *surface latérale d'un cône droit*, il faut multiplier la circonférence de sa base par son côté et diviser le produit par deux.

Soit C la surface du cône, c la circonférence de la base, et A le côté, on aura :

$$C = \frac{c \times A}{2}$$

Si, au lieu de la circonférence, on ne donnait que le *rayon*, la formule deviendrait :

$$C = \pi . R . A.$$

1° Connaissant C, A, on trouve :

$$c = \frac{2 . C}{A}$$

Connaissant C, c, on trouve :

$$A = \frac{2 . C}{c}$$

2° Connaissant C, R, on trouve :

$$A = \frac{C}{\pi . R}$$

Connaissant C, A, on trouve :

$$R = \frac{C}{\pi . R}$$

La ***surface latérale d'un cône droit tronqué parallèlement*** à sa base, s'obtient en ajoutant ensemble les circonférences des deux bases, multipliant leur somme par le côté et divisant le produit par deux.

Soit T la surface du cône tronqué, C la circonférence de la grande base, c la circonférence de la petite base et A le côté, on a :

$$T = \frac{(C + c) . A}{2}$$

Connaissant C, c, T, on trouve :

$$A = \frac{2 T}{C + c}$$

Connaissant T, c, A, on trouve :

$$c = \frac{2 T}{A} - c.$$

Connaissant T, C, A, on trouve :

$$c = \frac{2 T}{A} - C.$$

Cylindre.

La *surface totale d'un cylindre* s'obtient en ajoutant à sa surface latérale la surface de ses deux bases.

On obtient la *surface latérale d'un cylindre*, s'il est *droit*, en multipliant la circonférence de sa base par sa hauteur ; s'il est *oblique*, en multipliant la circonférence de la section droite par le côté.

Soit Cy la surface du cylindre, c la circonférence de sa base s'il est droit, ou de la section droite s'il est oblique, et H sa hauteur s'il est droit, ou son côté s'il est oblique, on aura :

$$Cy = c \times H$$

Si, au lieu de la circonférence, on donnait le rayon du cylindre ou de sa base, la formule ci-dessus deviendrait :

$$Cy = 2\ \pi.\ R.\ H.$$

1° Connaissant Cy, c, on trouve :

$$H = \frac{Cy}{c}$$

Connaissant Cy, H, on trouve :

$$c = \frac{Cy}{H}$$

2° Connaissant Cy, R, on trouve :

$$H = \frac{Cy}{2.\pi.R}$$

Connaissant Cy, H, on trouve :

$$R = \frac{Cy}{2.\pi.H}$$

Pour obtenir la ***surface d'un onglet cylindrique droit***, il faut multiplier la circonférence de sa base par la portion de l'axe comprise dans l'onglet, ou par la moyenne de la plus grande et de la plus petite génératrice.

Soit O la surface de l'onglet, c la circonférence de la base et A l'axe ou moyenne des génératrices extrêmes, on obtient :

$$O = c \times A$$

Si l'on n'avait que le rayon de la circonférence de la base, la formule serait :

$$O = 2\pi.R.A.$$

1° Connaissant O, c, on trouve :

$$A = \frac{O}{c}$$

Connaissant O, A, on trouve :

$$c = \frac{O}{A}$$

2° Connaissant O, R, on a :

$$A = \frac{O}{2.\pi R}$$

Connaissant O, A, on a :

$$R = \frac{O}{2\pi.A}$$

Sphère.

La *surface d'une sphère* est égale à quatre fois la surface d'un de ses grands cercles, ou à quatre fois le carré du rayon multiplié par le nombre 3,14...

Soit S la surface de la sphère et R le rayon, on a :

$$S = 4.\pi.R^2.$$

Connaissant la surface d'une sphère, on obtiendrait son *rayon* en divisant cette surface par quatre fois le nombre 3,14... et en extrayant ensuite la racine carrée du quotient.

$$R = \sqrt{\frac{S}{4.\pi}}$$

On obtient la *surface d'une zone sphérique* en multipliant la hauteur de cette zone par la circonférence d'un grand cercle.

Soit Z la zone sphérique, R le rayon de la circonférence d'un grand cercle et H la hauteur de la zone, on a :

$$Z = 2.\pi.R.H.$$

Connaissant Z, R, on trouve :

$$H = \frac{Z}{2.\pi.R}$$

Connaissant Z, H, on trouve :

$$R = \frac{Z}{2.\pi.H}$$

La *surface de la calotte sphérique* se calcule comme celle de la zone.

Pour avoir la *surface d'un secteur sphérique, ayant pour base une calotte sphérique*, il faut d'abord calculer la surface latérale du cône qui le compose, et ajouter à cette surface celle de la calotte sphérique qui lui sert de base.

Soit R le rayon de la sphère, H la hauteur de la calotte, r le rayon de la base de cette calotte et S la surface du secteur, on obtient :

$$S = 2.\pi.r\frac{1}{2}R + 2.\pi.R.H \text{ ou } \pi R(r + 2H)$$

La *surface d'un onglet sphérique* est égale à la 360ᵉ partie de la surface de la sphère dont il fait partie, multipliée par le nombre de degrés qu'il contient

Soit O l'onglet sphérique, R le rayon de la sphère et n le nombre de degrés de l'onglet, on a :

$$O = \frac{4\pi.R^2.n}{360}$$

Connaissant O, R, on trouve :

$$n = \frac{0.360}{4.\pi.R^2}$$

Connaissant O, n, on trouve :

$$R = \sqrt{\frac{360.O}{4.\pi.n}}$$

Pour trouver ***la surface d'un anneau rond***, il faut multiplier la différence des carrés des diamètres intérieur et extérieur par le carré du nombre 3,14... et diviser le produit par **4**.

Soit D le diamètre de la circonférence extérieure, d le diamètre de la circonférence intérieure et A la surface de l'anneau, on aura :

$$A = \frac{(D^2 - d^2)\,\pi^2}{4}$$

Connaissant A, d, on trouve :

$$D = \sqrt{\frac{4\,A}{\pi^2} - d^2}$$

Connaissant A, D, on trouve :

$$d = D^2 - \sqrt{\frac{4\,A}{\pi}}$$

VOLUMES DES CORPS

Pyramide.

Le *volume de la pyramide* est égal au tiers du produit de sa base par sa hauteur.

Soit Py le volume de la pyramide, B la base et H la hauteur, on a :

$$Py = \frac{B \times H}{3}$$

Connaissant Py, B, on trouve :

$$H = \frac{3\,Py}{B}$$

Connaissant Py, H, on trouve :

$$B = \frac{3.\,Py}{H}$$

Pour trouver *le volume d'une pyramide tronquée* à bases parallèles, il faut multiplier entre elles les surfaces des deux bases, extraire la racine carrée du produit, ajouter à cette racine la somme des deux mêmes bases, multiplier le résultat obtenu par la hauteur et diviser le produit par trois.

Soit T le tronc de pyramide, B la surface de la grande base, b la surface de la petite base et H la hauteur du tronc, on aura :

$$T = \frac{(\sqrt{B \times b} + B + b)\,H}{3}$$

Connaissant B, b, T, on trouve :

$$H = \frac{3\,T}{\sqrt{B \times b} + B + b}$$

Prisme.

Le *volume d'un prisme* est égal au produit de sa base par sa hauteur. Si ce prisme est un cube, on en obtient le volume en multipliant son côté deux fois par lui-même.

Soit P le prisme, B la base et H la hauteur; C le cube et c son côté, on aura :

$$P = B \times H ; C = c^3.$$

Connaissant P, H, on trouve :

$$B = \frac{P}{H}$$

Connaissant P, B, on trouve :

$$H = \frac{P}{B}$$

Connaissant C, on trouve :

$$c = \sqrt[3]{C}$$

Le *tronc de prisme triangulaire* a pour volume le produit de la surface de sa base par la moyenne des distances de cette base aux trois sommets.

Soit T le volume du tronc du prisme, B la base et H, H', H'' les distances de la base aux trois sommets, on a :

$$T = B \times \frac{B + H' + H''}{3}$$

Le *volume d'un tronc de prisme quelconque* s'obtiendrait en décomposant ce prisme en prismes triangulaires et calculant chacun séparément.

Cône.

Le *volume d'un cône* est égal au tiers du produit de la surface de sa base et de sa hauteur.

Soit B la base, H la hauteur et C le volume du cône, on a :

$$C = \frac{B \times H}{3} \text{ (comme pour la pyramide).}$$

Si, au lieu de la surface de la base, on ne donnait que le rayon, la formule deviendrait, en appelant R, le rayon de cette base :

$$C = \frac{\pi . R^2 . H}{3}$$

1° Connaissant C, B, on trouve :

$$H = \frac{3\,C}{B}$$

Connaissant C, H, on trouve :

$$B = \frac{3\,C}{H}$$

2° Connaissant C, R, on trouve :

$$H = \frac{3\,C}{\pi R^2}$$

Connaissant C, H, on trouve :

$$R = \sqrt{\frac{3\,C}{\pi\,H}}$$

Pour avoir *le volume d'un tronc de cône* à bases parallèles, il faut multiplier entre eux les rayons des bases, ajouter au produit la somme des carrés de ces mêmes rayons, multiplier cette somme par 3,14... puis par la hauteur, et prendre ensuite le tiers du produit.

Soit T le volume du tronc du cône, R le rayon de la grande base, r le rayon de la petite base et H la hauteur du tronc, on aura :

$$T = \frac{\Pi \ (R^2 + r^2 + R \times r)}{3}$$

H s'obtiendra par la formule :

$$H = \frac{3 \ T}{\pi \ (R^2 + r^2 + R.\ r)}$$

Cylindre.

Le *volume d'un cylindre* est égal au produit de sa base par sa hauteur.

Soit C le volume du cylindre, B la base et H la hauteur on aura :

$$C = B \times H$$

Si, au lieu de la base du cylindre, on ne donnait que le rayon de cette base, la formule ci-dessus deviendrait, en appelant R, le rayon :

$$C = \pi.\ R^2.\ H.$$

1° Connaissant C et B, on trouve :

$$H = \frac{C}{B}$$

Connaissant C et H, on trouve :

$$B = \frac{C}{H}$$

2° Connaissant C, R, on trouve :

$$H = \frac{C}{\pi . R^2}$$

Connaissant C, H, on trouve :

$$R = \sqrt{\frac{C}{\pi . H^2}}$$

L'*onglet cylindrique* ou le *cylindre tronqué* a pour volume le produit de la base par la partie de l'axe qu'il comprend.

Soit O le volume de l'onglet cylindrique, B la base et A l'axe, on aura :

$$O = B \times A$$

$$R = \frac{O}{A} \qquad A = \frac{O}{B}$$

Sphère.

Le volume de la *sphère* est égal au tiers du produit de sa surface, par son rayon ; ou bien, à quatre fois le tiers du nombre 3,14.. (4,188.), multiplié par le cube du rayon.

Soit S le volume de la sphère et R le rayon, on aura :

$$S = \frac{4 \pi R^3}{3}$$

Pour trouver le *rayon* d'une sphère dont on connaît le volume, il faut tripler ce volume, diviser le produit par quatre fois le nombre 3,14... et extraire la racine cubique du quotient.

Soit R le rayon de la sphère et S son volume, on a :

$$R = \sqrt[3]{\frac{3\ S}{4\ \pi}}$$

Le *volume du secteur sphérique* s'obtient en multipliant la surface de sa base par le tiers du rayon de la sphère ou bien en multipliant le carré du rayon de la sphère à laquelle il appartient par la hauteur de la calotte ou de la zône qui lui sert de base, puis ce produit par les deux tiers du nombre 3,14...

Soit R le rayon de la sphère, H la hauteur de la calotte et S le volume du secteur, on aura :

$$S = \frac{2}{3}\ \pi . R_2 . H.$$

Connaissant S, H, on trouve :

$$R = \sqrt{\frac{3.\ S}{2.\ \pi.\ H}}$$

Connaissant S, R, on trouve :

$$H = \frac{3.\ S}{2.\ \pi . R^2}$$

Pour avoir le *volume d'un segment sphérique*, il faut, du volume du secteur, retrancher le volume du cône qui en fait partie ; ce qui revient à multiplier le nombre 3,14... par le carré du rayon de la base du cône ou de la calotte sphérique et par la hauteur de cette calotte, puis à diviser le produit par deux, et enfin à ajouter à ce résultat le sixième du produit du cube de la hauteur de la calotte par le nombre 3,14...

Soit S le volume du segment sphérique, H la hauteur de la calotte et R le rayon de la base de la calotte ou du cône, on obtiendra :

$$S = \frac{\pi . R^2 . H}{2} + \frac{\pi . H^3}{6}$$

Pour obtenir le *volume d'une tranche sphérique*, il faut calculer les surfaces des deux bases et multiplier la moitié de leur somme par la hauteur de la tranche, puis ajouter au résultat le sixième du produit du cube de la hauteur de la tranche et du nombre 3,14...

Soit T la tranche sphérique, R, r les rayons des bases et H la hauteur, on a :

$$T = \frac{\pi R^2 + \pi r^2}{2} \times H + \frac{\pi H^3}{6}$$

Pour avoir le volume d'un *onglet sphérique*, il faut d'abord calculer le volume de la sphère, diviser ce volume par 360 et multiplier le quotient obtenu par le nombre de degrés compris dans le coin que forment les deux faces planes de l'onglet.

Soit O le volume de l'onglet, R le rayon de la sphère et n le nombre de dégrés du coin, on a :

$$O = \frac{\frac{4}{3} \pi R^3 . n}{360}$$

Ellipsoïde.

Le volume de l'*ellipsoïde* de révolution s'obtient en multipliant le rayon du pôle par le carré du rayon de l'équateur, puis ce produit par le nombre 4,188...

Soit S le volume du sphéroïde, R' le rayon du pôle, R le rayon de l'équateur, on trouve :

$$S = R' \times R^2 \times 4,188...$$

MESURAGES DIVERS.

On trouve le volume d'un *anneau rond* en multipliant la surface d'un cercle générateur par la longueur de la circonférence moyenne, entre la plus grande et la plus petite, c'est-à-dire entre la circonférence intérieure et l'extérieure.

Soit R le rayon du cercle générateur, ou la moitié de l'épaisseur de l'anneau, C la grande circonférence, c la petite et A le volume de l'anneau, on aura :

$$A = \frac{\pi R^2 (C + c)}{2}$$

Pour trouver le *volume d'un arbre en grume*, on mesure en mètres le quart de la circonférence prise au milieu de l'arbre, on multiplie ce nombre par lui-même, et le produit par la longueur de l'arbre.

Soit C la circonférence de l'arbre, l sa longueur et A son volume, on a :

$$l\left(\frac{C}{4}\right)^2 = A$$

Pour *jauger un tonneau*, il faut, avec un mètre, en prendre le diamètre au bouge (1), dou-

(1) Le diamètre au bouge est le diamètre du tonneau pris à la bonde.

bler cette longueur, ajouter à ce nombre le diamètre de l'un des deux bouts, prendre le tiers de la somme, faire le carré de ce tiers, multiplier ce carré par le nombre 3,14... et ensuite, par la longueur du tonneau, prendre enfin le quart du résultat et multiplier le quotient obtenu par mille : le produit exprime en litres la capacité du tonneau.

Soit T le volume du tonneau, L la longueur, D le diamètre à la bonde et d le diamètre à l'un des bouts, on aura :

$$T = \left(\frac{2\,D + d}{3}\right)^2 \times \frac{\pi . L}{4} \times 1{,}000$$

Connaissant le volume et le poids d'un corps, on obtient sa *densité* en divisant le poids par le volume.

$$D = \frac{P}{V}$$

Ayant le volume d'un corps, on peut trouver son *poids* en multipliant ce volume par la densité du corps.

Soit V le volume, P le poids et D la densité, on aura :

$$P = V \times D.$$

Pour trouver le *volume* d'un corps, connaissant son poids et sa densité, il faut diviser le poids par la densité.

$$V = \frac{P}{D}$$

TABLE DES POIDS

DE DIFFÉRENTES MATIÈRES COMPARÉES AU POIDS D'UN ÉGAL VOLUME D'EAU.

Acier	7,67	Peuplier blanc	0,53
Air	0,0013	id. ordinaire	0,38
Argent	10,7	Pierre à bâtir	2,08
Brique	2,17	Platine laminé	22,06
Chêne	1,16	Plomb coulé	11,35
Cuivre rouge	8,79	Poirier	0,66
Diamant	3,53	Pommier	0,79
Eau-de-vie	0,86	Prunier	0,78
Esprit de vin	0,84	Sable pur	1,9
Fer en barre	7,788	Sapin	0,55
Fonte de fer	7,05	Saule	0,68
Glace d'eau	0,93	Sel	1,92
Hêtre	0,85	Terre argileuse	1,60
Houille	1,329	Terre glaise	1,9
Liége	0,24	Terre végétale	1,4
Mercure	13,59	Tuile	2,
Noyer	0,67	Vapeur d'eau	0,0008
Or fondu	19,258	Verre	2,488
Orme	0,80	Zinc	7,19

DEUXIÈME PARTIE.

PROBLÈMES

PROBLÈMES SUR LES LIGNES.

Lignes droites.

1. — Trouver le côté d'un carré dont la diagonale est de 16 mètres.

2. — Trouver la diagonale d'un carré dont le côté est de 21 mètres.

3. — Trouver l'hypoténuse d'un triangle rectangle dont l'un des côtés est 3 mètres et l'autre 4 mètres.

4. — Trouver l'un des côtés de l'angle droit d'un triangle rectangle dont l'hypoténuse est 15 et l'autre côté 7.

5. — Quelle est la longueur de la diagonale d'un rectangle dont les deux grands côtés sont égaux à 12 mètres, et les petits à 7 mètres?

6. — Quelle est la longueur du grand côté d'un rectangle dont la diagonale a 18 mètres et le petit côté 4 mètres?

7. — Quelle est la longueur du petit côté d'un parallélogramme rectangle dont le grand côté a 21 mètres et la diagonale 28?

8. — La longueur d'une échelle étant de 9 mètres 50 centimètres, on demande si on pourrait avec cette échelle atteindre jusqu'à une fenêtre qui est à 8 mètres 70 centimètres du sol, sachant que l'on ne peut poser le pied de l'échelle qu'à 3 mètres du bâtiment?

Lignes courbes.

1. — Trouver la longueur d'une circonférence dont le diamètre est 6 mètres 50 centimètres.

2. — Trouver le diamètre d'une circonférence qui a 18 mètres 40 centimètres de développement.

3. — Le rayon d'une circonférence est de 3 mètres 12 centimètres; trouver le diamètre.

4. — Le rayon d'une circonférence est de 4 mètres 25 centimètres; trouver cette circonférence.

5. — La circonférence d'un arbre est de 2 mètres 25 centimètres ; trouver le diamètre.

6. — Le rayon d'une circonférence est de 13 mètres 50 centimètres ; trouver le diamètre d'une circonférence double.

7. — Le diamètre d'une circonférence est de 18 mètres 40 centimètres ; trouver le diamètre d'une circonférence quadruple.

8. — Une sphère a pour méridien un cercle dont la circonférence a 80 centimètres ; trouver son axe.

9. — Combien y a-t-il de minutes dans un degré, puis dans la circonférence ?

10. — Combien de secondes dans un degré, puis dans la circonférence ?

11. — Combien y a-t-il de degrés dans une circonférence, dans une demi, dans un quart, dans un huitième de circonférence ?

12. — Quelle est, en mètres, la longueur d'un arc de 125 degrés appartenant à une circonférence de 12 mètres ?

13. — Trouver le nombre des degrés contenus dans un arc dont la longueur est de 15 mètres, et appartenant à une circonférence de 7 mètres de rayon.

14. — Quel est le rayon d'une circonférence dont un arc de 43° 15 vaut 120 mètres 40 centimètres?

15. — Le contour d'un rouleau est de 1 mètre 28 centimètres; quel est le diamètre de ce rouleau?

16. — La circonférence du soleil est de 995,887 lieues; quel est son diamètre?

17. — Quel est, en mètres, l'espace parcouru en 24 heures par l'extrémité de la grande aiguille d'une horloge, qui a douze centimètres de long?

18. — Quel est, en mètres, l'espace parcouru en 24 heures par l'extrémité de la petite aiguille, qui a 7 centimètres?

Problèmes de récapitulation.

1. — Deux lignes ajoutées ensemble forment une longueur de 25 mètres : l'une a 7 mètres de plus que l'autre; quelle est la longueur de chacune de ces deux lignes?

2. — Étant donnés les deux côtés d'un triangle respectivement égaux à 23 et 29 mètres ainsi

que la hauteur, qui est de 15 mètres, trouver la base du triangle.

3. — La diagonale d'un carré est de 8 mètres 25 centimètres; trouver le côté d'un carré double.

4. — La diagonale d'un carré est 16 mètres 20 centimètres; trouver celle d'un carré double.

5. — Trouver la hauteur d'un triangle équilatéral dont les côtés sont égaux à 45 mètres.

6. — Le côté d'un carré est 7 mètres 25 centimètres; trouver la diagonale du carré double.

7. — Le côté d'un carré est 12 mètres; trouver le côté d'un carré double.

8. — Trouver la hauteur d'un triangle isocèle dont la base est 18 mètres et les côtés 24 mètres.

9. — Un chasseur se trouve à 90 mètres d'un arbre qui a 21 mètres de hauteur, sur le sommet de l'arbre se trouve un oiseau; on demande si le chasseur pourra abattre cet oiseau, sachant que son fusil pourrait le tuer à 92 mètres.

10. — Trouver le contour d'un carré dont la diagonale a 12 mètres 50 centimètres.

11. — Trouver le contour d'un hexagone régulier, sachant que le rayon du cercle circonscrit a 7 mètres 75 centimètres.

12. — Une cour carrée a 12 mètres 62 centimètres de côté ; trouver la longueur de la plus grande ligne que l'on puisse tracer dans cette cour.

13. — Lequel sera le plus tôt arrivé à l'extrémité diagonale d'un terrain de forme rectangulaire dont les côtés ont 80 et 32 mètres, de celui qui suit la diagonale en ne faisant que 4 mètres par seconde, à cause des obstacles, ou de celui qui suit les côtés en faisant 5 mètres par seconde.

14. — La longueur d'un talus est de 2 mètres 60 centimètres, sa base est égale à sa hauteur ; trouver l'une et l'autre.

15. — La pointe triangulaire d'un magasin à toit double a 16 mètres de haut ; la largeur du bâtiment étant de 24 mètres, on demande la longueur des côtés du toit, sachant que chaque côté dépasse la base de la pointe, de 80 centimètres.

16. — Le quart du méridien terrestre est de 10,000,000 ; à quelle distance de la surface de

la terre se trouve le centre de ce méridien?

17. — Le point d'attache d'un cheval de manége est à 16 mètres de l'arbre vertical autour duquel il tourne; quel chemin fait ce cheval à chaque tour?

18. — Une roue de voiture a 80 centimètres de rayon, combien fera-t-elle de tours sur un chemin de 25 kilomètres?

19. — Quel est le chemin parcouru dans un jour, de 24 heures, par un point d'une roue de moulin qui a 1 mètre 20 centimètres de rayon, sachant qu'elle fait quatre tours par minute?

20. — Quelle est, en mètres, la longueur d'un arc de 25 degrés appartenant à une circonférence de 3 mètres de rayon?

21. — La ville de Quito, dans la Colombie, est éloignée de l'axe de la terre d'environ la longueur du rayon terrestre, c'est-à-dire 6,366,203 mètres; quel chemin parcourt-elle, dans l'espace de 24 heures, autour de l'axe terrestre?

22. — Un serrurier veut soutenir, à l'aide d'une bande de fer la maçonnerie de la partie supérieure d'une porte formant plein cintre; cette porte a 1 mètre 80 centimètres de large; quelle

devra être la longueur de la bande de fer, sachant quelle doit être recourbée de 10 centimètres à chaque extrémité pour être scellée?

Angles des Polygones.

1. — On connaît deux angles d'un triangle, l'un de 25°, l'autre de 116°; trouver le troisième.

2. — Trouver la valeur de chacun des angles d'un triangle équilatéral.

3. — Dans un triangle isocèle l'angle opposé à la base est de 35°; trouver la valeur de chacun des deux autres.

4.— Dans un triangle rectangle l'un des angles aigus est de 32°; trouver la valeur de l'autre angle aigu.

5. — On connaît deux angles d'un triangle, l'un de 46°, 34′, 5″, l'autre de 56°, 12′, 17″; quelle est la valeur du troisième angle?

6. — Quelle est la somme des angles intérieurs d'un quadrilatère?

7. — Quelle est la somme des angles intérieurs d'un pentagone?

8. — Quelle est la somme des angles intérieurs d'un hexagone?

9. — Quelle est la somme des angles intérieurs d'un heptagone?

10. — Quelle est la somme des angles intérieurs d'un octogone?

11. — Quelle est la somme des angles intérieurs d'un décagone?

12. — Quelle est la valeur de chacun des angles de l'heptagone régulier?

13. — Trouver la valeur de chacun des angles intérieurs des figures régulières suivantes : quadrilatère, pentagone, hexagone, octogone, décagone, endécagne, dodécagone.

14. — Trouver la valeur de l'angle au centre des polygones réguliers dont les noms suivent : hexagone, heptagone, octogone.

15. — Trouver la valeur de l'angle extérieur de l'octogone régulier.

16. — Quels sont les polygones réguliers capables de couvrir l'espace autour d'un point?

PROBLÈMES SUR LES SURFACES PLANES.

Triangles.

1. — Trouver la surface d'un triangle dont la base est 40 mètres 25 centimètres, et la hauteur 16 mètres 15 centimètres.

2. — Trouver la surface d'un triangle dont la hauteur est 6 mètres 54 centimètres, et la base 9 mètres.

3. — La surface d'un triangle est 128 mètres carrés 60 centièmes, la base 73 mètres 20 centimètres ; trouver sa hauteur.

4. — La surface d'un triangle est de 2,208 mètres carrés, sa hauteur 92 mètres ; trouver sa base.

5. — Trouver la surface d'un triangle dont les trois côtés sont égaux à 21, 24, 33 mètres.

6. — Trouver la surface d'un triangle isocèle dont la base est 6 mètres et les côtés 15 mètres.

7. — Quelle est la hauteur d'un triangle dont la base est 2 mètres et la surface 3 mètres carrés?

8. — La surface d'un triangle équilatéral est de 520 mètres carrés; trouver son côté.

Quadrilatères.

1. — Trouver la surface d'un carré dont le côté est 21 mètres.

2. — Trouver la surface d'un rectangle dont la base a 8 mètres et la hauteur 11 mètres.

3. — Trouver la surface d'un parallélogramme dont la base a 15 mètres et la hauteur 7 mètres.

4. — Trouver la surface d'un losange dont la base a 7 mètres et la hauteur 5 mètres.

5. — Trouver la surface d'un trapèze dont la base inférieure est 12 mètres, la base supérieure 9 mètres, et la hauteur 6 mètres.

6. — Trouver la surface d'un quadrilatère décomposé en deux triangles, dont l'un a 12 mètres de base et 4 mètres de hauteur, et l'autre 8 mètres de base et 5 mètres de hauteur.

7. — Trouver le côté d'un carré dont la surface a 4,096 mètres carrés.

8. — La surface d'un rectangle est de 7,056 mètres carrés, la base a 126 mètres; trouver sa hauteur.

9. — Trouver la base d'un parallélogramme dont la surface égale 420 mètres carrés, et la hauteur 14 mètres.

10. — La surface d'un losange est de 160 mètres carrés, la base est 32 mètres; trouver la hauteur.

11. — La surface d'un trapèze est de 640 mètres carrés, l'une des bases est 24 mètres et l'autre 8 mètres; trouver sa hauteur.

12. — La surface d'un trapèze est de 360 mètres carrés, la hauteur 18 mètres; trouver la somme des deux bases parallèles.

13. — Trouver la surface d'un carré dont le côté a 17 mètres 40 centimètres.

14. — Trouver la surface d'un rectangle qui a 16 mètres 40 centimètres de long et 7 mètres 15 centimètres de large.

15. — Trouver la surface d'un quadrilatère formé de deux triangles, dont les bases respectives sont 8 mètres 40 centimètres et 5 mètres 25 centimètres, les hauteurs étant 4 mètres 80 centimètres et 6 mètres 21 centimètres.

16. — Trouver le côté d'un carré dont la surface est 64 mètres carrés.

17. — Trouver la surface d'un losange dont la base a 40 mètres 20 centimètres, et la hauteur 8 mètres 44 centimètres.

18. — Trouver la base d'un parallélogramme dont la surface est 105 mètres carrés 35 centièmes, et la hauteur 15 mètres 5 centimètres.

19. — La surface d'un trapèze a 180 mètres carrés, sa hauteur 15 mètres; trouver les deux bases, sachant que l'une a 3 mètres de plus que l'autre.

20. — Trouver le côté d'un carré équivalent à deux autres dont les côtés sont égaux à 8 mètres 50 centimètres et 4 mètres 90 centimètres.

21. — Connaissant l'une des bases d'un trapèze égale à 25 mètres 20 centimètres, sa hauteur égale à 14 mètres, et sa surface, qui est de 1,500 mètres carrés; trouver la seconde base de ce trapèze.

22. — Quel serait le prix d'un terrain rectangulaire qui a 60 mètres de long et 43 mètres de large, sachant qu'on le vend 38 fr. l'are.

23. — Trouver le côté d'un carré équivalent à un triangle dont la base a 25 mètres et la hauteur 8 mètres.

24. — Trouver la surface d'un carré dont le contour est de 127 mètres 50 centimètres.

25. — On veut transformer un carré de 8 mètres 40 centimètres de côté en un triangle qui aura pour base 9 mètres 25 centimètres ; on demande quelle sera la hauteur de ce triangle ?

26. — On a un trapèze dont la hauteur est 3 mètres 80 centimètres, et les bases 5 mètres 40 centimètres et 9 mètres 16 centimètres; quelle serait la base d'un rectangle équivalent au trapèze dont la hauteur serait 3 mètres 25 centimètres ?

27. — La surface d'un rectangle est de 428 mètres carrés, la base est double de la hauteur; trouver la base et la hauteur.

28. — Trouver le côté d'un carré équivalent à quatre carrés dont les côtés sont 8 mètres, 5 mètres, 7 mètres, 15 mètres.

29. — Les diagonales d'un losange sont de 16 mètres et 10 mètres; quel est le côté du losange?

30. — La diagonale d'un carré est de 32 mètres ; quelle est sa surface ?

31. — Que doit-on pour la peinture d'une muraille de 46 mètres de développement sur 5 mètres

de haut, sachant qu'on prend 7 fr. pour 3 mètres carrés.

32. — Quel serait le prix d'un terrain triangulaire dont les côtés sont égaux à 16 mètres, 29 mètres, 41 mètres, sachant qu'il est vendu à raison de 3,000 fr. l'hectare?

33. — Quelle serait la hauteur d'un parallélogramme équivalent à un carré de 8 mètres 40 centimètres de côté, sachant que la base de ce parallélogramme doit avoir 15 mètres 80 centimètres?

34. — Trouver le coté du carré équivalent à l'espace compris entre deux carrés intérieurs dont l'un a 6 mètres 50 centimètres de côté, et l'autre 9 mètres 25 centimètres.

35. — Combien faudrait-il de pavés carrés de 11 centimètres de côté pour couvrir le sol d'un appartement qui a 13 mètres 75 centimètres de long sur 7 mètres 20 centimètres de large?

36. — Trouver le côté d'un carré équivalent aux trois quarts d'un autre carré dont le côté est 4 mètres 20 centimètres.

37. — Combien faudrait-il de tuiles plates de 22 centimètres de long sur 105 millimètres de large, pour couvrir un bâtiment dont le toit a

24 mètres de long et 8 mètres de large (la moitié de la tuile seulement sert à couvrir)?

38. — On a un jardin de forme carrée dans lequel on veut planter des arbres qui doivent être à 5 mètres de distance les uns des autres et des murs du jardin, lesquels ont chacun 25 mètres de côté; combien pourra-t-on planter d'arbres?

39. — On veut tapisser une muraille de 12 mètres de long sur 7 mètres de haut, avec du papier dont le rouleau a 9 mètres de long sur 50 centimètres de large; combien en faudra-t-il de rouleaux?

40. — On veut tapisser les quatre murailles d'un appartement, dont deux ont 8 mètres de long sur 5 mètres de haut, et les deux autres 6 mètres de long sur 5 mètres de haut; il y a, dans l'appartement, trois fenêtres et deux portes; les premières ont 1 mètre 20 centimètres de large sur 2 mètres 10 centimètres de haut; les secondes 80 centimètres de large sur 2 mètres de haut, combien faudra-t-il de rouleaux de 9 mètres de long sur 50 centimètres de large?

41. — Combien doit-on payer pour la peinture des lambris d'un appartement qui ont 75 centimètres de haut sur 28 mètres de déve-

loppement, sachant que l'on donne 1 fr. 25 c. par mètre carré?

42. — Combien doit-on payer à un maçon qui a enduit de plâtre les quatre faces égales d'un bâtiment dont chacune a 7 mètres 50 centimètres de long sur 5 mètres 20 centimètres de haut, sachant qu'on donne 1 fr. 25 c. du mètre carré.

43. — Combien doit-on à un maçon pour le carrelage d'une chambre qui a 5 mètres de long sur 3 mètres 80 centimètres de large, sachant qu'il fournit les matériaux et prend 2 fr. 25 c. par mètre carré?

44. — On achète pour 7,500 fr. une pièce de terre rectangulaire, qui a 125 mètres sur l'un des côtés; on l'a payée à raison de 4,200 fr. l'hectare, quelle est la largeur de cette pièce de terre?

45. — On a payé 111 fr. 38 c. pour le parquetage d'une pièce carrée; le parquet de chêne se paie à raison de 5 fr. 50 c. le mètre carré; quel était le côté de la pièce?

46. — Un champ rectangulaire a 8 décamètres de long sur 5 mètres 50 centimètres de large; combien produirait-il d'hectolitres d'orge, sachant qu'un hectare de ce même terrain en a

produit 28 hectolitres dans les mêmes conditions?

Polygones quelconques.

1. — Trouver la surface d'un polygone irrégulier, composé de quatre triangles dont les bases ont 16 mètres, 21 mètres, 44 mètres, 32 mètres, et les hauteurs respectives 9 mètres, 7 mètres, 4 mètres, 8 mètres.

2. — Trouver la surface d'un polygone irrégulier décomposé en quatre triangles et trois trapèzes. Les bases et les hauteurs respectives des triangles sont :

	B.	h.
1°	11	6.
2°	5	4.
3°	1	8.
4°	2	6.

Celles des trapèzes sont :

	B.	b	h.
1°	6	4	2.
2°	8	5	4.
3°	5	6	11.

3. — Trouver la surface d'un hexagone régulier dont les côtés sont égaux à 5 mètres.

4. — Combien faudrait-il de pavés hexagones de 5 centimètres de côté pour paver un appartement carré qui a 7 mètres de côté.

5. — Un carré a 15 mètres de côté; trouver le côté de l'hexagone régulier équivalent.

6. — Trouver la base d'un triangle équilatéral équivalent à l'espace compris entre deux hexagones réguliers et concentriques qui ont, l'un 10 mètres de côté, et l'autre 6 mètres.

7. — Trouver la surface d'un octogone régulier de 48 mètres de côté.

8. — On veut échanger un terrain qui a la forme d'un hexagone régulier, ayant 7 mètres de côté, contre un autre qui a la forme d'un carré, quel devra être le côté du carré équivalent?

9. — De deux surfaces planes ayant même périmètre, mais dont l'une seulement est régulière, laquelle renferme la plus grande superficie?

Cercles.

1. — Trouver la surface d'un cercle dont le rayon est 6 mètres.

2. — La surface d'un cercle est de 812 mètres carrés; trouver le rayon.

3. — Trouver la surface d'un cercle dont le rayon est 4 mètres 70 centimètres.

4. — Quel est le rayon d'un cercle dont la surface est 121 mètres carrés 25 centièmes?

5. — Trouver la surface d'un secteur dont le rayon a 3 mètres 60 centimètres, et l'arc 5 mètres.

6. — Quelle est la surface d'un secteur dont l'arc est 47° et le rayon 6 mètres.

7. — La surface d'un secteur est de 180 mètres carrés, le rayon est 28 mètres; trouver la longueur de l'arc.

8. — La surface d'un secteur est de 220 mètres carrés, la longueur de l'arc est de 72 mètres; trouver son rayon.

9. — La circonférence d'un cercle est de 75 mètres 25 centimètres, trouver sa surface.

10. — La circonférence d'un cercle est de 28 mètres 50 centimètres; trouver la surface d'un cercle dont la circonférence est double.

11. — Trouver la surface d'un cercle dont un arc de 23° 15' est égal à 37 mètres 25 centimètres.

12. — Combien mettrait-on de jours pour paver un cercle de 4 mètres de rayon, sachant que, pour en paver un d'un rayon double, on a mis seize jours?

13. — Il a fallu 250 pavés pour couvrir un cercle de 2 mètres 50 centimètres de rayon,

combien en faudrait-il pour couvrir un cercle d'un rayon triple?

14. — Trouver la surface comprise entre deux cercles concentriques dont les rayons respectifs sont égaux à 4 mètres 20 centimètres et à 9 mètres 50 centimètres.

15. — Trouver la circonférence d'un cercle équivalent à l'espace compris entre deux circonférences dont les rayons sont 9 mètres et 15 mètres.

16. — Trouver la surface d'un secteur de cercle dont le rayon est 5 mètres, et le nombre de degrés de l'arc 30°.

17. — La surface d'un cercle est 9 fois plus petite que celle d'un autre cercle qui a 6 mètres de diamètre; quel est le diamètre du premier?

18. — Trouver la surface d'un cercle dont la circonférence est 15 mètres.

19. — Quelle est la circonférence d'un cercle dont la surface est 71 mètres carrés 62 centièmes?

20. — Trouver le diamètre d'un cercle équivalent à deux autres dont les rayons sont 1 mètre et 2 mètres.

Ellipses.

1. — Trouver la surface d'une ellipse dont le grand axe est de 18 mètres et le petit de 10 mètres.

2. — La surface d'une ellipse est de 256 mètres carrés, le grand axe a 28 mètres; trouver le petit.

3. — La surface d'une ellipse est de 420 mètres carrés : trouver ses deux axes, sachant que l'un est double de l'autre.

4. — La surface d'une ellipse est 643 mètres carrés 25 centièmes, son petit axe est de 12 mètres 40 centimètres; trouver son grand axe.

5. — Quelle différence y a-t-il entre les surfaces de deux ellipses dont les diamètres de l'une sont 16 mètres et 8 mètres, ceux de l'autre étant triples de ceux de la première?

6. — Trouver la surface comprise entre deux ellipses concentriques dont les axes sont : pour la première, 14 mètres 60 centimètres et 8 mètres 40 centimètres; pour la seconde, 18 mètres 40 centimètres et 12 mètres.

Problèmes de récapitulation.

1. — Quelle différence de surface existe-t-il entre un carré et un cercle qui ont chacun 60 mètres de contour?

2. — Etant donné un triangle rectangle dont les deux côtés de l'angle droit sont 21 mètres et 15 mètres, si on décrit sur chaque côté de ce triangle, comme diamètre, une demi-circonférence, quelle sera la surface des deux lunules formées par la demi-circonférence décrite sur l'hypoténuse, et les deux décrites sur les côtés?

3. — Etant donné un triangle rectangle dont les côtés de l'angle droit sont égaux à 12 mètres et 34 mètres; trouver la surface totale des deux segments formés par la demi-circonférence décrite sur le diamètre et les côtés de l'angle droit.

4. — Un cercle a pour rayon 8 mètres 40 centimètres; quelle est la surface du carré inscrit?

5. — Un cercle a pour rayon 12 mètres 50 centimètres; trouver la surface des quatre segments formés par le carré inscrit.

6. — Trouver le côté d'un carré dont la sur-

face est les trois quarts de celle d'un cercle qui a 6 mètres 20 centimètres de rayon.

7. — Trouver le rayon d'un cercle dont la surface est égale à celle d'une ellipse dont le grand axe a 12 mètres 50 centimètres et le petit 9 mètres 20 centimètres.

8. — Un cercle a pour rayon 7 mètres 80 centimètres; trouver la surface du carré circonscrit.

9. — Trouver la surface d'une ellipse inscrite dans un rectangle dont la base est 40 mètres et la hauteur 12 mètres.

10. — Trouver la surface d'un triangle équilatéral dont les côtés sont égaux à 14 mètres 80 centimètres.

11. — Trouver la surface d'un triangle qui a 5 mètres 25 centimètres de base et 82 centimètres de hauteur.

12. — Un triangle a 5 mètres de base et 3 mètres de hauteur; quelle serait la hauteur d'un second triangle double en surface et qui aurait 4 mètres de base?

13. — Trouver la surface d'un parallélogramme dont la base a 14 mètres 23 centimètres et la hauteur 10 mètres 70 centimètres.

14. — Trouver la surface d'un trapèze dont la grande base est de 9 mètres 70 centimètres, la petite 6 mètres 45 centimètres, et la hauteur 8 mètres 10 centimètres.

15. — La surface d'un trapèze est de 231 mètres carrés 40 centièmes, la grande base 33 mètres 50 centimètres, et la petite 24 mètres 35 centimètres; trouver la hauteur.

16. — Trouver le côté d'un carré équivalent à la différence de deux carrés dont les côtés sont égaux à 8 mètres et 15 mètres.

17. — La surface d'un carré est de 266 mètres carrés; trouver son contour.

18. — Les diagonales d'un losange sont 12 mètres et 18 mètres; trouver sa surface.

19. — La surface d'un cercle est de 400 mètres carrés; trouver sa circonférence.

20. — Trouver le rayon d'un cercle double en surface d'un autre cercle qui a pour rayon 8 mètres 50 centimètres.

21. — Pour former un espalier, on veut planter des arbres le long d'un mur qui a 120 mètres de long; chaque arbre devra couvrir un espace rectangulaire de 15 mètres carrés; son développement en largeur étant double de son développe-

ment en hauteur, trouver combien on pourra planter d'arbres le long de ce mur.

22. — On veut faire une cloison en planches qui doit avoir 3 mètres de haut et 7 mètres 50 centimètres de large, pour cela on emploie des planches qui ont 2 mètres de long sur 15 centimètres de large ; combien en faudra-t-il ?

23. — Combien doit-on payer à un menuisier qui a fourni les huit croisées d'un appartement, sachant que ces croisées ont 2 mètres 10 centimètres de haut sur 1 mètre 20 centimètres de large et qu'on les paie 11 fr. le mètre carré ?

24. — On veut coller du papier dans une chambre qui a 4 mètres de long sur 3 mètres 50 centimètres de large ; la hauteur de la chambre, au-dessus d'un lambris de 75 centimètres, est de 2 mètres 40 centimètres ; de plus, cette chambre a deux ouvertures (une porte et une fenêtre) dont l'une (la fenêtre) posée à 75 centimètres au-dessus du sol a 2 mètres 10 centimètres de haut et 1 mètre 20 centimètres de large, et l'autre (la porte) 2 mètres 10 centimètres de haut sur 90 centimètres de large ; combien dépensera-t-on, sachant que le rouleau de papier, qui a 50 centimètres de large et 9 mètres de long, coûte 1 fr. 75 c., et que le peintre prend 50 c. pour le collage de chaque rouleau ?

25. — Trouver la diagonale d'un carré équi-

valent à la surface d'un cercle dont le rayon est 6 mètres 50 centimètres.

26. — Trouver le côté d'un carré équivalent à la surface d'une ellipse dont le grand axe a 8 mètres et le petit 5 mètres.

27. — Quelle différence y a-t-il entre la surface d'un cercle et celle de l'hexagone régulier inscrit, le rayon du cercle étant 9 mètres 10 centimètres ?

28. — Trouver le rayon d'un cercle équivalent à la surface d'un polygone irrégulier décomposé en trois triangles dont les bases sont 15 mètres, 18 mètres, 25 mètres, et les hauteurs respectives 6 mètres, 5 mètres, 9 mètres.

29. — De 2 polygones réguliers ayant un nombre différent de côtés et le même périmètre, lequel renferme la plus grande surface?

30. — Un polygone et un cercle ont le même périmètre, lequel des deux a la plus grande surface ?

31. — On veut paver une rue qui a 290 mètres de long et 9 mètres de développement en largeur, avec des pavés carrés en grès qui ont 16 centimètres de côté, les espaces vides et les intervalles comptant pour 1/10 de l'espace, quel sera le nombre de pavés nécessaires ?

32. — La surface d'un polygone régulier dont les côtés ont 9 mètres 80 centimètres, est de 249 mètres carrés 50 décimètres carrés, trouver celle d'une figure semblable qui a 4 mètres 25 centimètres de côté.

33. — Quel rapport de surface y a-t-il entre un champ et son plan fait en prenant 1 millimètre pour mètre ?

34. — Un octogone et un hexagone réguliers ont le même périmètre, lequel a la plus grande surface ?

35. — Un pentagone régulier et un cercle ont la même surface, lequel a le plus petit périmètre ?

PROBLÈMES SUR LA SURFACE DES CORPS.

Pyramides.

1. — Trouver la surface latérale d'une pyramide régulière dont la base est un heptagone de 3 mètres de côté, l'apothème (ou hauteur d'une des faces) ayant 12 mètres.

2. — Trouver la surface latérale d'une pyramide pentagonale irrégulière dont les faces ont pour base 12, 8, 6, 5, 9 mètres, les hauteurs correspondantes étant 7, 4, 5. 8, 6 mètres.

3. — Trouver la surface totale d'une pyramide hexagonale régulière dont les côtés de la base ont 4 mètres et les apothèmes 8 mètres 40 centimètres.

4. — Trouver la surface latérale d'une pyramide octogonale régulière tronquée, à bases parallèles, sachant que les côtés de la base inférieure ont 1 mètre 60 centimètres, et ceux de la base supérieure 80 centimètres, la hauteur de chaque face étant 2 mètres 20 centimètres.

5. — La surface latérale d'une pyramide quadrangulaire régulière, est de 64 mètres carrés, l'apothème est de 12 mètres, trouver le côté du carré de la base.

6. — La surface latérale d'une pyramide hexagonale est de 13 mètres carrés 50 centièmes, la base a 1 mètre 40 centimètres de côté; trouver l'apothème.

7. — Un clocher a la forme d'une pyramide quadrangulaire, sa base est un carré de 1 mètre 70 centimètres de côté, et sa hauteur a 11 mètres; combien en coûtera la couverture en ardoises, sachant que l'on prend 7 fr. 20 c. du mètre carré?

Prismes.

1. — Trouver la surface latérale d'un prisme droit dont la base est un duodécagone régulier dont les côtés ont 1 mètre 20 centimètres, et la hauteur 2 mètres 40 centimètres.

2. — Trouver la surface totale d'un parallélipipède droit qui a 25 mètres de long, 6 mètres de large et 80 centimètres d'épaisseur.

3. — Quelle est la surface totale d'un cube de 2 mètres 50 centimètres de côté ?

4. — Trouver la surface latérale d'un prisme quadrangulaire irrégulier dont les côtés de la base sont égaux à 5, 3, 8, 6 mètres, et la hauteur 9 mètres.

5. — Trouver la surface latérale d'un prisme tronqué triangulaire droit, dont les arêtes sont égales à 10, 9, 7 mètres, et les côtés de la base 6, 3, 2 mètres.

6. — Trouver la surface latérale d'un prisme oblique, dont le périmètre de la section droite est 7 mètres 25 centimètres, et la longueur des arêtes de 4 mètres 12 centimètres.

7. — La surface latérale d'un prisme droit est de 16 mètres carrés 25 centièmes, le périmètre de la base est de 2 mètres 50 centimètres; trouver la hauteur du prisme.

8. — La surface totale d'un cube est de 160 mètres carrés, trouver le côté.

9. — La surface latérale d'un parallélipipède droit est de 180 mètres carrés, sa longueur est double de sa largeur et sa largeur double de son épaisseur; trouver ses dimensions.

Cônes.

1. — Trouver la surface latérale d'un cône droit dont la circonférence de la base est de 12 mètres 50 centimètres, la longueur du côté ou apothème de 3 mètres 40 centimètres.

2. — Trouver la surface totale d'un cône droit dont l'apothème a 6 mètres et le rayon de la base 4 mètres.

3. — Trouver la surface latérale d'un tronc de cône droit à bases parallèles; les circonférences des bases ont 12 et 17 mètres de développement, et l'apothème 5 mètres.

4. — Trouver la surface latérale d'un tronc de cône droit à bases parallèles; le rayon de la base supérieure ayant 25 centimètres, celui de la base inférieure 44 centimètres, et l'apothème 80 centimètres.

5. — Trouver la surface totale d'un tronc de cône droit à bases parallèles dont le rayon de la base supérieure a 1 mètre 40 centimètres, celui de la base inférieure 3 mètres 10 centimètres, et la longueur du côté 2 mètres 35 centimètres.

6. — Trouver le côté d'un tronc de cône droit dont le rayon de la base supérieure est 4 mètres, celui de la base inférieure 7 mètres, la hauteur du tronc étant de 5 mètres.

7. — Trouver la surface latérale d'un tronc de cône droit dont la hauteur est 7 mètres, le rayon de la base supérieure 3 mètres, celui de la base inférieure 6 mètres.

8. — La surface latérale d'un cône droit est de 25 mètres carrés 75 centièmes, le rayon de la base 2 mètres 25 centimètres; trouver l'apothème,

9. — La surface latérale d'un cône droit est 12 mètres carrés 15 centièmes, le rayon de la base est de 1 mètre 40 centimètres; trouver la hauteur du cône.

10. — La surface totale d'un cône droit est de 195 mètres carrés 15 centièmes, le diamètre de la base est de 4 mètres, trouver la hauteur du cône.

Cylindres

1. — Trouver la surface latérale d'un cylindre droit dont le rayon de la base a 8 mètres et la hauteur 15 mètres.

2. — Trouver la surface totale d'un cylindre droit dont le rayon de la base a 5 mètres et la hauteur 6 mètres.

3. — Trouver la surface latérale d'un cylindre oblique dont la section droite a 3 mètres 25 centimètres de développement et le côté 8 mètres 50 centimètres.

4. — Trouver la surface latérale d'un onglet cylindrique dont les génératrices extrêmes ont 9 et 15 mètres, et le rayon de la base 3 mètres.

5. — Quelle différence y a-t-il entre les surfaces latérales intérieures et extérieures d'un manchon cylindrique dont le rayon intérieur est 6 mètres, l'extérieur 7 mètres, et la hauteur du cylindre 16 mètres?

6. — La surface latérale d'un cylindre est de 6 mètres carrés 30 centièmes, sa hauteur 3 mètres 15 centimètres; trouver le rayon de la base.

7. — La surface latérale d'un cylindre est 12 mètres carrés 10 centièmes, le rayon de la base est 2 mètres 50 centimètres; trouver la hauteur.

8. — La surface latérale d'un onglet cylindrique est de 32 mètres carrés 25 centièmes, la circonférence de la base est de 8 mètres 50 centimètres, trouver les deux côtés extrêmes, sachant que l'un a 50 centimètres de plus que l'autre.

Sphère.

1. — Trouver la surface d'une sphère dont le diamètre est 8 mètres.

2. — Trouver la surface d'une calotte sphérique dont le rayon de la sphère est 9 mètres et la hauteur de la calotte 4 mètres.

3. — Trouver la surface d'une zône dont la hauteur est de 3 mètres et le rayon de la sphère 7 mètres.

4. — Trouver la surface d'un onglet sphérique appartenant à une sphère de 9 mètres de rayon et dont l'arc d'équateur est de 8°.

5. — Trouver la surface d'un secteur sphérique appartenant à une sphère de 5 mètres de rayon et dont le segment a 4 mètres de diamètre.

6. — Trouver la surface d'une sphère dont le diamètre est de 25 centimètres.

7. — Calculer la surface d'une calotte sphérique dont la hauteur est 2 mètres et qui appartient à une sphère de 5 mètres de rayon.

8. — Soit proposé de mesurer la couverture en cuivre d'un dôme dont le diamètre est 10 mètres (ce dôme est une demi-sphère).

9. — Trouver la surface d'une zône dont la hauteur est de 1 mètre 50 centimètres, et appartenant à une sphère de 5 mètres 20 centimètres de diamètre.

10. — Trouver la surface d'un onglet sphérique dont la sphère a 1 mètre 50 centimètres de rayon et dont l'angle est de 1° 15'.

11. — Trouver la surface d'un secteur sphérique appartenant à une sphère de 2 mètres

50 centimètres de rayon, et dont le segment a 1 mètre 40 centimètres de diamètre.

PROBLÈMES SUR LES VOLUMES.

Pyramides.

1. — Trouver le volume d'une pyramide dont la base a 12 mètres carrés et la hauteur 7 mètres.

2. — Le volume d'une pyramide droite est de 35 mètres cubes, sa hauteur a 5 mètres ; trouver la surface de sa base.

3. — Le volume d'une pyramide oblique est de 72 mètres cubes, sa base a 12 mètres carrés ; trouver sa hauteur.

4. — Trouver le volume d'un tronc de pyramide à bases parallèles, sachant que l'une des bases a 1 mètre carré 50 décimètres carrés de surface, l'autre 2 mètres carrés 80 centièmes, et la hauteur 50 centimètres.

5. — Le volume d'une pyramide est de 15 mètres cubes, sa base a une surface de 3 mètres carrés ; trouver la hauteur de la pyramide.

6. — Le volume d'une pyramide est de 44 mètres cubes ; sa hauteur a 6 mètres ; trouver la surface de sa base.

7. — Trouver le volume d'un tronc de pyramide à bases parallèles, sachant que l'une des bases a 6 mètres carrés 50 décimètres carrés, l'autre 2 mètres carrés 10 centièmes, et la hauteur 75 centimètres.

8. — Trouver le volume d'une pyramide hexagonale régulière dont les côtés de la base ont 1 mètre 50 centimètres et l'une des arêtes 2 mètres 20 centimètres.

Prismes.

1. — Trouver le volume d'un prisme droit dont la base a 16 mètres carrés et la hauteur 6 mètres.

2. — Trouver le volume d'un prisme oblique dont la surface de la base est de 80 centièmes de mètre carré et la hauteur 90 centimètres.

3. — Trouver le volume d'un parallélipipède rectangle dont la longueur est de 4 mètres 20 centimètres, la largeur 1 mètre 20 centimètres et l'épaisseur 80 centimètres.

4. — Trouver le volume d'un cube dont le côté a 7 mètres.

5. — Trouver le volume d'un tronc de prisme triangulaire droit dont la base est de 3 mètres carrés 15 centièmes et les arêtes 1 mètre 50 centimètres, 3 mètres 25 centimètres, et 2 mètres 15 centimètres.

6. — On veut creuser un fossé qui aura 12 mètres de longueur, 90 centimètres de profondeur, 1 mètre de largeur à la partie supérieure et 50 centimètres dans le fond. On paíe l'ouvrier à raison de 2 fr. 75 c. le mètre cube; combien aura-t-il à recevoir?

7. — Trouver le volume d'un parallélipipède rectangle dont la base a pour dimensions 2 et 5 mètres et la hauteur 8 mètres.

8. — Trouver la hauteur d'un prisme dont le volume est 4 mètres cubes 25 décimètres cubes et la surface de la base 3 mètres carrés.

9. — Le volume d'un parallélipipède rectangle est de 18 mètres cubes 25 millièmes, sa hauteur est de 5 mètres; trouver le côté du carré qui lui sert de base.

10. — Le volume d'un tronc de prisme triangulaire est de 12 mètres cubes, la surface de

sa base est 4 mètres carrés; trouver les arêtes, sachant que la première diffère de la seconde de 50 centimètres, et la deuxième de la troisième de 40 centimètres.

11. — Le volume d'un cube est de 729 mètres cubes, trouver son côté.

12. — Un cultivateur veut remplir d'avoine une caisse qui a 1 mètre 75 centimètres de long sur 90 centimètres de large, et 75 centimètres de profondeur; combien lui en faudra-t-il d'hectolitres?

Cônes.

1. — Trouver le volume d'un cône droit dont la surface de la base est de 4 mètres carrés, et la hauteur 15 mètres.

2. — Trouver le volume d'un cône oblique dont la surface de la base est de 150 décimètres carrés, et la hauteur 85 centimètres.

3. — Trouver le volume d'un tronc de cône droit dont les rayons des bases parallèles sont 1 mètre 25 centimètres et 75 centimètres, la hauteur étant de 70 centimètres.

4. — Le volume d'un cône est de 16 mètres cubes, le rayon de sa base de 5o centimètres; trouver sa hauteur.

5. — Le volume d'un cône est de 4 mètres cubes 2 dixièmes, sa hauteur de 1 mètre 80 centimètres; trouver la surface de sa base.

6. — Le volume d'un cône est 800 décimètres cubes, sa hauteur 95 centimètres; trouver le rayon de sa base.

7. — Trouver le volume d'un tronc de cône droit à bases parallèles, dont les rayons des bases sont 2 mètres 25 centimètres et 1 mètre 15 centimètres, la hauteur étant de 2 mètres 5 décimètres.

8. — Trouver, en hectolitres, la capacité d'une cuve dont le diamètre de la base supérieure est de 3 mètres, celui de la base inférieure 2 mètres 16 centimètres, et la profondeur 2 mètres 80 centimètres.

9. — Trouver le volume d'un tronc de cône dont les rayons des bases sont 4 et 7 mètres, le côté étant de 12 mètres.

10. — Le volume d'un tronc de cône est de 12 mètres cubes 250 décimètres cubes, les rayons des bases sont 2 mètres 5 décimètres et

1 mètre 60 centimètres; trouver le côté du tronc.

11. — Trouver la capacité d'un seau conique dont la profondeur est de 25 centimètres, sa largeur en haut 28 centimètres, et en bas 20 centimètres.

Cylindres.

1. — Trouver le volume d'un cylindre droit dont la base a 8 mètres carrés, et la hauteur 7 mètres.

2. — Trouver le volume d'un cylindre oblique dont la circonférence de la base a 16 mètres, et la hauteur 18 mètres.

3. — Trouver le volume d'un onglet cylindrique droit dont la base a 350 décimètres carrés de surface, et la hauteur de l'axe 1 mètre 25 centimètres.

4. — Le volume d'un cylindre est de 16 mètres cubes, sa hauteur a 8 mètres; trouver la surface de sa base.

5. — Trouver la hauteur d'un cylindre dont le volume a 14 mètres cubes, la base 3 mètres carrés 5 dixièmes.

6. — Trouver le volume d'un cylindre droit dont la circonférence de la base a 21 mètres, et la hauteur 4 mètres.

7. — Trouver la hauteur du décalitre dont on se sert pour mesurer les matières sèches, sachant qu'elle est égale au diamètre de la base.

8. — Trouver le diamètre du litre dont on se sert pour mesurer les liquides, sachant que la hauteur est double du diamètre de la base.

9. — Le volume d'un onglet cylindrique est de 3 mètres cubes 250 décimètres cubes ; trouver la circonférence de sa base, sachant que l'axe a 15 décimètres de hauteur.

10. — Trouver le volume de la maçonnerie d'un puits qui a 1 mètre 62 centimètres de diamètre extérieur, 12 mètres de profondeur, l'épaisseur de la maçonnerie étant de 30 centimètres.

11. — Trouver la contenance d'un arrosoir cylindrique dont la profondeur est de 30 centimètres, et la largeur 22 centimètres.

Sphère.

1. — Trouver le volume d'une sphère dont le rayon est de 3 mètres.

2. — Trouver le volume d'un secteur sphérique dont la base est une calotte de 80 décimètres carrés de surface, le rayon de la sphère étant de 1 mètre 20 centimètres.

3. — Trouver le volume d'un onglet sphérique dont les plans méridiens forment entre eux un angle de 5°, le diamètre de la sphère à laquelle il appartient étant de 3 décimètres.

4. — Trouver le volume d'un segment sphérique dont la hauteur est de 4 centimètres et le rayon de la base de 12.

5. — Trouver le volume d'une tranche sphérique dont la hauteur est de 7 centimètres, le rayon de la grande base étant 9 centimètres, celui de la petite 4 centimètres.

6. — Trouver le volume d'un ellipsoïde de révolution dont le grand axe a 7 centimètres, et le petit 5 centimètres.

Poids.

1. — Le poids d'un corps est de 75 kilogrammes, son volume 4 décimètres cubes; quelle est sa densité?

2. — Le volume d'un corps est de 11 décimètres cubes, sa densité 3,35; trouver son poids.

3. — La densité d'un corps est de 7,75, son poids est de 21 kilogrammes; quel est son volume?

4. — Quel est le poids de 14 décimètres cubes de fonte?

5. — Quel serait le poids d'un bloc de pierre à bâtir, qui a 75 centimètres de long, 40 centimètres de large et 30 centimètres d'épaisseur?

6. — Un volume de 6 décimètres cubes pèse 52 kilogrammes 74 décagrammes, en quelle matière est-il probablement?

7. — Quel est le poids d'un mètre cube de sable?

8. — Quel est le poids du mercure contenu dans un tube qui a 4 millimètres de diamètre et 1 mètre de hauteur ?

Mesurages divers.

1. — Trouver, en stères, le volume d'un arbre en grume qui a 11 mètres 50 centimètres de long et 72 centimètres de circonférence moyenne.

2. — Quelle est, en hectolitres, la capacité d'un tonneau qui a 2 mètres 25 centimètres de long, 1 mètre 20 centimètres de diamètre à la bonde, et 1 mètre aux bouts ?

3. — Trouver, en centimètres cubes, le volume d'un anneau carré ou manchon cylindrique qui a un diamètre intérieur de 8 centimètres, un diamètre extérieur de 95 millimètres, et une épaisseur de 1 centimètre.

4. — Un tonneau a 90 centimètres de large à un bout, et 1 mètre 10 centimètres à la bonde, il contient 1,000 litres ; quelle est sa longueur ?

5. — Un arbre a un volume de 2 stères 25 centistères, sa circonférence moyenne est de 1 mètre 80 centimètres ; quelle est sa longueur ?

6. — Un anneau rond a un volume de 15 centimètres cubes, le diamètre de la circonférence moyenne est de 8 centimètres; trouver son épaisseur.

Problèmes de récapitulation.

1. — On a un cylindre en plomb dont le rayon de la base et la hauteur sont respectivement de 50 centimètres et 8 mètres; combien, avec ce volume, pourrait-on faire de petits lingots cylindriques dont le rayon de la base et la hauteur seraient 2 et 9 centimètres?

2. — Avec une sphère en plomb dont le rayon est 1 mètre 25 centimètres, combien pourrait-on faire de boulets du même métal, ayant 25 centimètres de rayon?

3. — On veut faire construire un bâtiment dont la forme est un parallélipipède rectangle; les côtés adjacents sont respectivement de 83 et 21 mètres de long; la hauteur est de 10 mètres et l'épaisseur de 50 centimètres. Je demande combien on emploiera de milliers de briques dont les dimensions sont 23 centimètres de long, 105 millimètres de large et 55 millimètres d'épais-

seur, sachant en outre que le bâtiment a 63 ouvertures (portes et fenêtres), dont en moyenne la hauteur est de 2 mètres et la largeur de 1 mètre, sachant enfin que le mortier entre pour 1/6e dans le volume de la maçonnerie?

4. — Combien y a-t-il de stères dans une pièce de bois dont la circonférence moyenne est de 1 mètre 50 centimètres et la longueur 9 mètres?

5. — Quelle est la capacité d'un tonneau dont les diamètres respectifs à la bonde et aux bouts sont 96 et 75 centimètres, sa longueur étant de 1 mètre 50 centimètres.

6. — Trouver le volume d'un anneau rond dont les circonférences intérieures et extérieures ont pour rayons 5 et 7 centimètres.

7. — On veut creuser un puits dont le diamètre serait 1 mètre 25 centimètres et la profondeur 40 mètres; combien y aurait-il de mètres cubes de terre à enlever?

8. — L'épaisseur de la maçonnerie d'un puits est de 3 décimètres, le diamètre intérieur de 75 centimètres, la profondeur 25 mètres; quel est le volume de cette maçonnerie?

9. — Quel serait le poids d'une boule d'or dont le rayon serait 5 centimètres, sachant que l'or pèse 19,25 fois autant que l'eau à volume égal ?

10. — Quelle serait la valeur d'un cylindre d'argent allié dans les proportions convenables pour faire de la monnaie, sachant que le rayon de la base est 75 centimètres et la hauteur 1 mètre 50 centimètres, sachant de plus que l'argent monnayé pèse 10,12 fois autant que l'eau à volume égal ?

11. — Quel serait le poids de 42,5 mètres cubes de terre végétale dont le poids spécifique est 1 kilogramme 5 dixièmes ?

12. — Combien ferait-on de pièces de 5 francs avec un cône d'argent allié convenablement, sachant que le diamètre de la base est de 57 centimètres, et la hauteur 1 mètre 50 centimètres, sachant de plus que le diamètre des pièces de 5 francs est de 375 dix millièmes et l'épaisseur 25 dix millièmes ?

13. — Combien de mètres cubes d'eau faudrait-il pour remplir un bassin de 40 mètres 50 centimètres de long, 12 mètres 15 centimètres de large, et 4 mètres 8 décimètres de profondeur ?

14. — Évaluer le poids de l'eau contenue dans un bassin qui a la forme d'un prisme exagonal, sachant que les côtés de la base ont chacun 1 mètre 24 centimètres, et que la profondeur est de 3 mètres 16 centimètres ?

15. — Trouver, en myriamètres cubes, le volume de la terre, sachant que le quart du méridien est de 10 millions de mètres ?

16. — Quel serait le poids d'un cube de glace de 2 décimètres de côté ?

17. — La valeur d'un cylindre d'or pur est 3,000 fr. ; trouver ses dimensions, sachant que la circonférence de sa base égale sa hauteur.

18. — Un parallépipède en bois de chêne pèse 400 kilogrammes ; trouver ses dimensions, sachant que sa hauteur est double de sa largeur, et sa largeur triple de son épaisseur.

19. — Quel est le côté d'un cube équivalent à une pyramide dont la base a 375 mètres carrés, et la hauteur 12 mètres ?

20. — Trouver le volume d'un anneau rond dont le rayon extérieur est 33 centimètres, le rayon intérieur 3 décimètres.

21. — Trouver le volume d'une pièce de bois

courbe dont le rayon est de 25 centimètres, la longueur de l'arc intérieur 3 mètres 25 centimètres, celle de l'arc extérieur de 3 mètres 75 centimètres.

22. — Trouver la capacité d'un petit tonneau dont le diamètre du bouge est de 625 millimètres, celui du fond 553, et la longueur intérieure 727 millimètres.

23. — Un arbre a 12 mètres de long et sa circonférence, au mileu, est de 1 mètre 8 centimètres; trouver son volume en stères.

24. — En quelle substance est un corps qui pèse 86 kilogrammes 40 décagrammes et qui a un volume de 12 décimètres cubes?

25. — Un directeur de manége veut faire une loge circulaire de 25 mètres de diamètre; cette loge sera cylindrique à partir du sol jusqu'à 2 mètres 50 centimètres de hauteur; ensuite elle prendra la forme conique et ira se terminer en pointe à l'extrémité d'un mât qui a 13 mètres 50 centimètres de haut. On demande combien il faut de mètres de toile ayant 80 centimètres de large pour faire cette loge?

26. — Quel est le poids du sable contenu dans un tombereau dont la partie inférieure a

2 mètres 10 centimètres de long et 1 mètre 20 centimètres de large à l'un des bouts, et 1 mètre 50 centimètres à l'autre, la profondeur étant de 25 centimètres ?

27. — Un serrurier vient de sceller une plaque en fonte dans une cheminée ; mais il a oublié de la peser ; il se rappelle seulement que l'épaisseur est de 2 centimètres ; en mesurant la largeur et la hauteur, il les trouve, l'une de 50 centimètres et l'autre de 65 ; combien fera-t-il payer cette plaque qu'il vend 40 centimes le kilogramme ?

28. — Calculer l'espace creux d'une niche demi-cylindrique terminée à sa partie supérieure par un quart de sphère, le diamètre de la niche étant de 9 décimètres et la hauteur totale de 2 mètres 10 centimètres.

29. — Calculer la capacité du grenier d'une maison à deux pignons isocèles, la longueur du grenier étant de 12 mètres, la largeur 7 mètres, et la hauteur du pignon 6 mètres.

30. — Une des pyramides d'Egypte a pour base un carré qui a 200 mètres de côté et une hauteur de 166 mètres ; trouver son volume.

31. — Quel searit, en centimètres cubes, le

volume de 15,000 pièces de 5 francs, sachant que le diamètre d'une pièce est de 375 dix millièmes, et l'épaisseur 25 dix millièmes?

32. — Calculer la capacité d'un magasin à fourrages qui a 32 mètres de long, 9 de large et 10 de haut (du sol au faîte); le bâtiment est terminé aux extrémités par deux faces semblables, qui forment, à leur partie supérieure, deux pignons isocèles, ayant 5 mètres de haut.

33. — Quel est le poids d'une colonne cylindrique en hêtre, qui a 6 mètres de haut et 1 mètre 20 centimètres de circonférence.

34. — Trouver le volume d'un tas de pierres de même forme que ceux qui se trouvent sur le bord des routes, sachant que la base inférieure a 2 mètres 80 centimètres de long et 1 mètre 20 centimètres de large, la base supérieure 1 mètre 90 centimètres de long sur 90 centimètres de large, la largeur des grandes faces latérales étant de 75 centimètres?

35. — On veut creuser un fossé qui aura 175 mètres de long, 1 mètre 30 centimètres de profondeur, 40 centimètres de large au fond et 1 mètre à la partie supérieure; on donne 1 fr. 20 c. du mètre cube: combien coûtera le fossé?

36. — Trouver la densité de l'argent monnayé, sachant que le cuivre pèse 8,79 fois autant que l'eau à volume égal, et l'argent pur 10,47

37. — Trouver le volume d'une pièce de 5 fr., sachant qu'elle a 375 dix millièmes de diamètre, et 25 dix millièmes d'épaisseur.

38. — Une source est enfermée dans un puits cylindrique qui a 6 mètres 72 centimètres de diamètre ; lorsque l'orifice d'écoulement est bouché, l'eau monte de 45 millimètres en 92 secondes; combien la source fournira-t-elle de litres d'eau par heure ?

39. — Trouver le volume d'un ellipsoïde de révolution dont le rayon des pôles est de 47 centimètres, celui de l'équateur 51 centimètres.

40. — Combien coûteraient les 44 chevrons du toit d'une maison, qui ont 6 centimètres d'épaisseur, 9 centimètres de large et 5 mètres 80 centimètres de longueur, sachant que le bois dont ils sont formés se vend 58 fr. le stère.

41. — Trouver la surface de la zône terrestre comprise entre l'équateur et un parallèle dont la distance à l'équateur est égale au tiers du rayon terrestre

42. — Un cellier qui a 4 mètres de long, 3 mètres 25 centimètres de large et 2 mètres 80 centimètres de haut, est rempli à moitié de pommes à faire le cidre; combien y en a-t-il d'hectolitres ?

43. — Le volume d'un ellipsoïde de révolution est égal à 42 mètres cubes, le diamètre des pôles étant de 4 mètres 20 centimètres, trouver celui de l'équateur.

44. — Calculer, en litres, la capacité d'un flacon dont la contenance est 6 fois celle d'un verre ayant 8 centimètres de profondeur, 7 centimètres de diamètre en haut, et 65 millimètres en bas.

45.— Trouver le volume d'une sphère circonscrite à un cube dont le côté est de 36 centimètres.

46. — Le volume d'un parallélipipède rectangle est de 117 mètres cubes 435 décimètres cubes, et ses arêtes sont proportionnelles aux nombres 2, 3, 7; on demande les trois dimensions de ce parallélipipède ?

47. — Trouver le diamètre d'un boulet de 6, ce boulet étant en fonte de fer (6 signifie 6 livres ou 3 kilog.).

48. — Quel serait le diamètre d'une sphère en plomb pesant 1 kilogramme ?

49. — Trouver la surface d'un trapèze symétrique dont les côtés parallèles ont 26 mètres et 37 mètres, et les côtés non parallèles chacun 10 mètres.

50. — Vingt-cinq personnes sont enfermées dans un appartement où l'air ne peut se renouveler. Cet appartement ayant 7 mètres de long, 4 mètres de large, et 2 mètres 50 centimètres de haut, on demande combien de temps elles y pourront séjourner sans être gênées, sachant que l'homme consomme en 24 heures, selon Séguier et Lavoisier, 755 litres d'oxygène, que l'oxygène entre pour 21 centièmes dans la composition de l'air, et que l'on est gêné toutes les fois que l'on consomme plus du quart de l'air renfermé dans l'espace où l'on se trouve.

51. — Une masse d'eau quelconque diminue, par évaporation, de 1 millimètre de hauteur en 24 heures à la température ordinaire ; on demande quelle serait, en litres, la quantité d'eau que laisserait évaporer un lac qui aurait une surface de 72 kilomètres carrés.

52. — Un fil d'argent a 250 mètres de long, il

pèse 12 grammes ; on demande son diamètre, sachant que le poids spécifique de l'argent est 10,47 ?

53. — Calculer l'arête d'un tétraèdre régulier en or, dont le poids est de 2 kilogrammes, sachant que la densité du métal est 19,25.

54. — Calculer l'épaisseur d'une sphère creuse en laiton, dont le diamètre extérieur est de 75 centimètres, son poids de 67 kilogrammes 8 hectogrammes, la densité du laiton étant 8,39.

55. — Un ballon a 6 mètres de diamètre ; il est aux trois quarts plein de gaz hydrogène impur, dont la densité est la treizième partie de celle de l'air ; le taffetas gommé qui sert d'enveloppe au ballon pèse 250 grammes par mètre carré on demande quel sera alors le poids du ballon ?

56. — A quelle hauteur s'élèverait, dans un vase cylindrique dont la base a 1 décimètre de diamètre, un poids de 6 kilogrammes d'eau distillée ?

57. — Un verre à vin de Champagne a 6 centimètres de diamètre à sa partie supérieure, sa profondeur est de 14 centimètres, il contient déjà 360 grammes de mercure ; on demande le poids de l'eau qu'il faudra y ajouter pour achever de le

remplir, sachant que la densité du mercure est de 13,598?

58. — Un cours d'eau, dont la section verticale est un parallélogramme qui a 6 mètres de long sur 1 mètre 20 centimètres de haut, marche avec une vitesse de 18 mètres par minute ; on demande le volume d'eau qui passe par cette section pendant vingt-quatre heures ?

59. — Un peuplier ébranché tombe dans un bassin au bord duquel il était placé, il fait monter l'eau de 3 millimètres ; on demande la longueur de l'arbre, sachant que le bassin a 15 mètres de long sur 8 mètres de large, et que la circonférence moyenne du peuplier est de 96 centimètres?

60. — On a un tube recourbé formé de deux parties de différent calibre ; la première a 15 millimètres de diamètre et la seconde 28 millimètres; on demande jusqu'à quelle hauteur s'élève l'esprit de vin qui est dans la seconde branche, sachant qu'il fait équilibre aux 12 centimètres de mercure qui sont dans la première ?

61. — Trouver en myriagrammes le poids de l'atmosphère terrestre, sachant que le quart du méridien a 10,000,000 de mètres, que la pression

atmosphérique est égale à celle de 76 centimètres de mercure, et que la densité de ce métal est de 13,598.

62. — On a un vase cylindrique qui a 60 centimètres de hauteur et 12 centimètres de rayon; on plonge dans ce vase une statuette dont on veut obtentr le volume; lorsqu'elle est complètement immergée, l'eau a monté dans le vase de 7 centimètres : on demande quel sera le volume de la statue?

63. — Un parallélipipède creux à l'intérieur 90 centimètres de long et 6 décimètres de large, on demande à quelle hauteur s'élèverait dans ce prisme la valeur d'un million en pièces de 5 francs, sachant que ces pièces, qui sont rangées par piles, ont 375 dix millimètres de diamètre et 25 de hauteur.

FIN.

Evreux — Bernaudin, imprimeur.

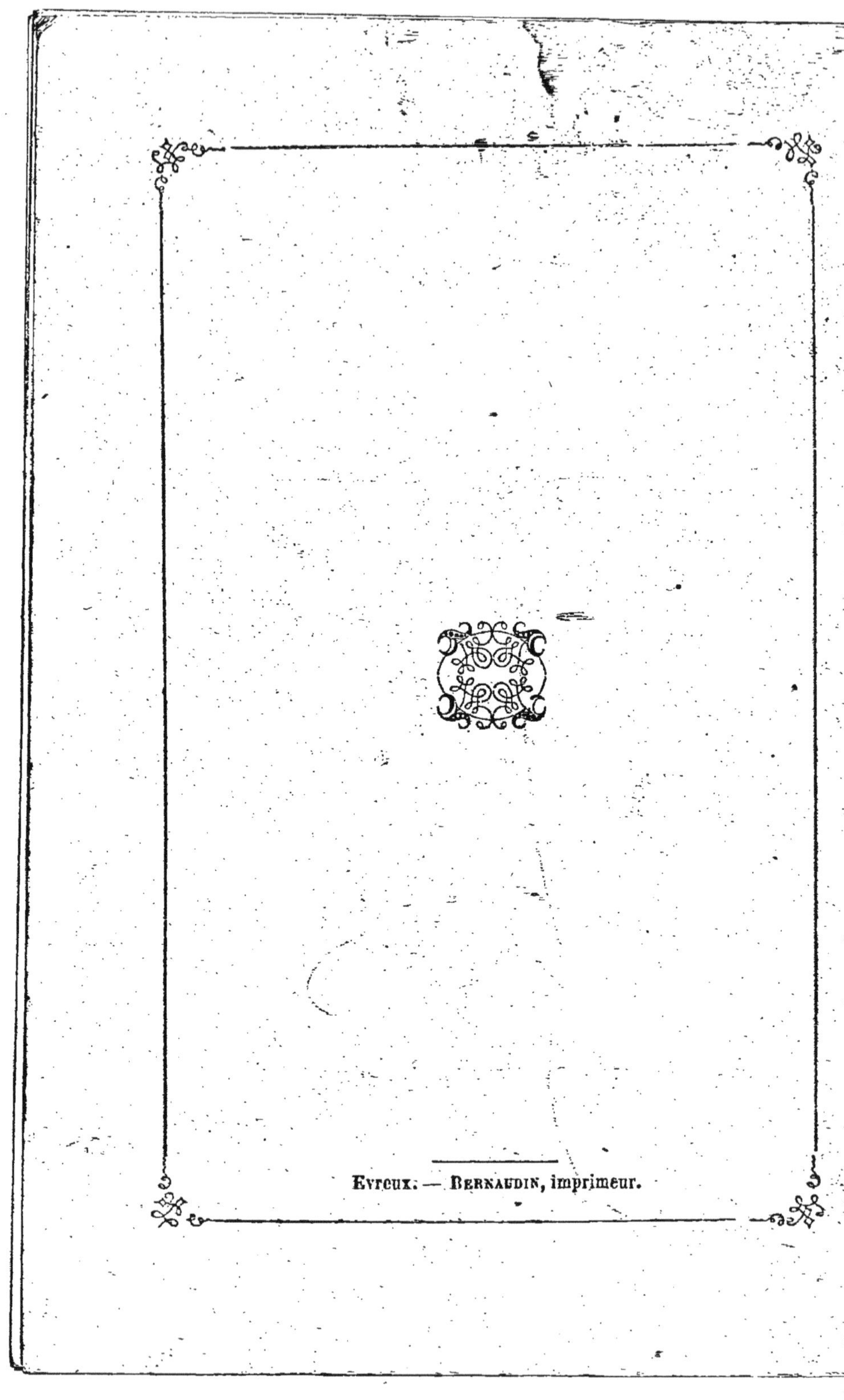

Evreux. — Bernaudin, imprimeur.

www.ingramcontent.com/pod-product-compliance
Ingram Content Group UK Ltd.
Pitfield, Milton Keynes, MK11 3LW, UK
UKHW012242240726
13966UKWH00003B/1246

9 782013 620895